Thomas Windhoevel

Unterrichtsversuch zum Thema "bayerische Alpengletscher" für 5. Klasse (Realschule) im Fach Erdkunde

GRIN Verlag

Bibliografische Information der Deutschen Nationalbibliothek:

Die Deutsche Bibliothek verzeichnet diese Publikation in der Deutschen National-
bibliografie; detaillierte bibliografische Daten sind im Internet über http://dnb.d-
nb.de/ abrufbar.

Impressum:

Copyright © 2012 GRIN Verlag GmbH
Druck und Bindung: Books on Demand GmbH, Norderstedt Germany
ISBN: 978-3-656-36916-5

Dieses Buch bei GRIN:

http://www.grin.com/de/e-book/207863/unterrichtsversuch-zum-thema-bayerische-
alpengletscher-fuer-5-klasse

GRIN - Your knowledge has value

Der GRIN Verlag publiziert seit 1998 wissenschaftliche Arbeiten von Studenten, Hochschullehrern und anderen Akademikern als eBook und gedrucktes Buch. Die Verlagswebsite www.grin.com ist die ideale Plattform zur Veröffentlichung von Hausarbeiten, Abschlussarbeiten, wissenschaftlichen Aufsätzen, Dissertationen und Fachbüchern.

Besuchen Sie uns im Internet:

http://www.grin.com/

http://www.facebook.com/grincom

http://www.twitter.com/grin_com

Inhalt

I. Fachwissenschaftliche Analyse

In den letzten 2,5 Mio. Jahren kam es immer wieder zu einem Wechsel von „Kalt- und Warmzeiten". In den Kaltzeiten traten große Vorlandgletscher aus den Alpen in das Vorland hinaus. Diese haben die Landschaft in den Alpen, sowie im Alpenvorland verändert, da sie eine große gestalterische Kraft aufweisen. Sie können durch Detersion und Detraktion Felsen aus dem Berg herausbrechen und zermahlen. Die herausgebrochenen und transportierten Gesteine und Sedimente (Schotter, Sand, Mergel, Findlinge) werden als Seitenmoräne am Rande des Gletschers und als Endmoräne am vorderen Ende der Gletscherzunge abgelagert. Auch eine flach-wellige Grundmoräne ist nach dem abschmelzen zu finden. Das mitgeführte Material begünstigt die erosive Tätigkeit. Oft wurde ein voreiszeitliches Kerb- (V) Tal zu einem Trog- (U) Tal umgeformt. Neben den Gesteinsablagerungen an den Seiten und am Gletschervorstoß treten weitere Akkumulationsformen bei der Gletscherschmelze auf. Die Darstellung der regelhaften Abfolge dieser Ablagerungsformen nennt der Altmeister der Eiszeitforschung (Albrecht Penck) glaziale Serie. Diese umfasst das Zungenbecken, Seiten-, Grund- und Endmoränenwälle, Sander und Urstromtäler. In Süddeutschland sind lediglich Zungenbecken, Moränen und Schotterebenen zu finden. Urstromtäler konnten sich wegen ansteigenden Geländes zu den Mittelgebirgen hin nicht bilden. Neben den vorgenannten Ablagerungsformen lassen sich nach dem Abschmelzen des Gletschers weitere Landschaftsformen beobachten. So sind im Bereich der Grundmoräne Oser, Kames und Sölle zu finden. Toteislöcher verlandeten oftmals zu einem Moor, während sich aus dem Gletscherzungenbecken Seen bildeten.

(vgl.: AHNERT, 1996, S. 126ff, ECKERT H., 2003: S. 86f)

II. Didaktische Analyse

1. Einbettung des Themas in den Lehrplan

Die Schüler in der 5. Klasse sollen erfahren, dass die Erdoberfläche stetigen Veränderungen unterworfen ist. Gemäß des Lehrplans für die bayerische sechsstufige Realschule ist diese Einheit dem Oberthema „Veränderungen der Erdoberfläche in Heimat und Welt" (Ek 5.3) einzuordnen.

Besonders im südbayerischen Raum haben Gletscher die Erdoberfläche von außen (exogen) verändert. Sie haben so einen starken landschaftsgestaltenden Charakter. Die landschaftsprägenden Attribute aus der letzten Eiszeit werden nun beleuchtet. Für die Veränderungen der Erdoberfläche sind insgesamt ungefähr 10 Unterrichtsstunden zu veranschlagen. (BAYERISCHES STAATSMINITERIUM FÜR UNTERRICHT UND KULTUS (Hrsg.), 2001, S. 189)

In der Vorstunde wurde die Entstehung und der Aufbau eines Alpengletschers behandelt.

Nun wird das Thema mit dieser Unterrichtseinheit fortgeführt, in dem besonders auf die landschaftsprägenden Einflüsse der Gletscher ein Augenmerk gerichtet wird. Mit dieser Einheit sind die exogenen Einflüsse auf die Erdoberfläche ausreichend behandelt worden. In der Folgestunde wird dann zum Thema der endogenen Einflüsse auf die Erdoberfläche übergeleitet.

2. Lernziele

Stundenziel: Die Schüler sollen erkennen, dass die Erdoberfläche durch den Einfluss von Gletschern verändert wird.

Das Stundenziel wird für die Schüler noch in Teillernziele unterteilt:
1. TLZ: Die Schüler erkennen, dass ein Trogtal durch die Einwirkung eines Gletschers entstanden ist.
2. TLZ: Die Schüler die erfahren, wie weit sich die Gletscher in das Alpenvorland vorgeschoben haben und wissen, wie ein Gletscher sich zusammensetzt.

3

3. Methodische Überlegungen

Einstieg

Lehrer legt eine Bildfolie über ein Kerb- und ein Trogtal auf. Die Schüler sollen, durch kleine Hilfestellungen (Was könnte die Veränderung des Tals bewirkt haben?) des L, selbstständig auf das Stundenthema schließen. => Gletscher verändern die Landschaft. Dies dient der Motivation und Neugierde.

Erarbeitung TLZ 1

Nun wird zuerst durch den Einstiegsimpuls des L und eines AB's geklärt, wie ein Gletscher die Talform verändert hat. Zur Veranschaulichung bildet der L die Entwicklung im Sandkasten nach.

Sicherung TLZ 1

Das Ergebnis wird auf einem AB festgehalten.

Erarbeitung TLZ 2

L geht nun an die Wandkarte und fragt die Schüler, wie weit sich der Gletscher ins Alpenvorland vorgeschoben haben könnte. Dann zeigt er die wirkliche Vergletscherung im südbayerischen Raum zur Würmeiszeit an der Wandkarte. Danach legt er zum besseren Verständnis eine Folie hierüber auf.

Dann wird zum glazialen Komplex übergeleitet. Mithilfe eines Modellexperiments am Sandkasten zeigt der L die sich ergebenden Landschaftsformen durch den Gletscher (Grundmoräne, Seitenmoräne, Zungenbecken, Endmoräne und Schotterebene). Durch Wortkarten dürfen die Schüler im Sandkasten die richtigen Begriffe zuordnen. Zur Veranschaulichung legt der L Bildfolien auf.

Sicherung TLZ 2

Das eben Erarbeitete wird in EA mit einem AB gesichert. Die S sollen in 4 Min. der Grafik die entsprechenden Begriffe zuordnen. Die Sozialform der EA bietet sich hierfür an, da der Sachverhalt durch die Erläuterung am Sandkasten für die S nun gut verständlich ist. Außerdem wird für den L der Lernerfolg der S sichtbar.

Lernzielkontrolle

Die Gesamtsicherung wird in Form eines Kreuzworträtsels erfolgen. Hierbei werden die wichtigsten Begriffe wiederholt und gesichert. Die S können anhand eines Lösungsworts („Ice Age") ihre Lösung selber vergleichen.

Puffer

Zur weiteren Vertiefung wird noch ein Filmausschnitt gezeigt. Hier wird nochmals deutlich, wie immens die Vergletscherung im Alpenvorland war.

Hausaufgabe

Über die Ferien wird keine Hausaufgabe gegeben.

III. Durchführung

Der Verlaufsplan

Unterrichtsphasen	Geplanter Unterrichtsverlauf	Medien	Ergebnisse
Einstieg	L legt Bildfolien über ein Kerb- und Trogtal auf. Wartet S-Meldungen ab. Wenn nichts Zielführendes genannt wird, setzt er einen Impuls: „Die zwei Bilder sind ein Tal zu verschiedenen Zeiten."	Bildfolien	S merken, dass sich die Talform durch irgendeinen Einfluss geändert hat.
Stundenthema	Gletscher verändern die Landschaft		
Überleitungssatz	„Die Veränderung schauen wir uns jetzt mithilfe des Sandkastens genauer an!"		
Erarbeitung TLZ 1	L zeigt am Sandkasten die Genese eines Trogtals und erläutert sein Tun. Danach fragt er in die Menge: „Gib in Deinen Worten wieder, was ich gerade gezeigt habe."	Sandkasten	S folgen der Vorführung des L aufmerksam und können die Entstehung in ihren Worten wiedergeben.
Sicherung TLZ 1	Zur Sicherung füllt der L mit den S das AB an der Folie aus.	AB, Folie	
Überleitungssatz	„Nun haben wir gesehen, wie ein Gletscher die Talformen in den Alpen verändert hat. Überlege Dir, ob man die Ausläufer den Gletschers auch noch in unserer Gegend in der Landschaft sehen kann!"		

Erarbeitung TLZ 2	L lässt die S Vermutungen anstellen, wie weit sich der Gletscher wohl in das Alpenvorland geschoben haben könnte. Dann bittet er zwei Schüler zur Wandkarte, um die Pasterze und FFB zu verorten. Zur Veranschaulichung wird das Ausmaß der Vergletscherung noch auf einer Folie gezeigt.	Wandkarte, Kartenfolie

S vermuten, wie weit sich der Gletscher in das Alpenvorland geschoben haben könnten. S können FFB und den Großglockner an der Wandkarte zeigen.

	Dann wird zur glazialen Serie übergeleitet: „Der Gletscher hat nicht nur Trogtäler gebildet. Es sind noch andere Landschaftsformen im Voralpenland entstanden. Kommt nochmals zum Sandkasten vor und ich zeige Euch, wie die noch andere Landschaftsformen entstanden sind." Mithilfe des Sandkastens zeigt der L die sich ergebenden Landschaftsformen (Grundmoräne, Seitenmoräne, Zungenbecken, Endmoräne und Schotterebene). Durch Wortkarten dürfen die Schüler im Sandkasten die richtigen Begriffe zuordnen. Durch eine Bildfolie zur Münchner Schotterebene wird das gezeigte noch veranschaulicht.	Sandkasten, Bildfolie

Die S achten auf die Tätigkeit des L am Sandkasten.

Sicherung TLZ 2	Nun wird das eben Erarbeitete noch auf einem AB in EA festgehalten. Die Schüler haben hierfür 4 Min. Zeit. Der L legt dann eine Lösungsfolie auf.	AB, Folie

S können nun selbstständig die Landschaftsformen zuordnen.

Überleitungssatz	„Jetzt will ich sehen, was ihr noch wisst!"

Gesamtsicherung	„Klappt Euer Heft bitte zu und bearbeitet	AB

S können das

	das Kreuzworträtsel auf der Rückseite! Ihr habt 5 Min. Zeit und dürft mit Eurem Banknachbarn arbeiten!	Kreuzworträtsel lösen und erhalten ein Lösungswort.
Puffer	Zur weiteren Vertiefung des Themas Film zeigt der L einen Filmausschnitt.	S vertiefen das Thema.
Hausaufgabe	Keine HA über die Ferien.	

IV. Verzeichnis der Literatur

AHNERT F.: Einführung in die Geomorphologie. 1993. Stuttgart

FRANK S. et al: Terra Erdkunde 5. 2008. Stuttgart.

V. Verzeichnis der Internetquellen

Lehrplan der sechsstufigen Realschule in Bayern.
Online im Internet:
http://www.isb.bayern.de/isb/download.aspx?DownloadFileID=bb3f4d9eaa362b8e61
2cefe5758bb61b
Gefunden am 27.03.2012 um 14:30

Abbildungen zur Genese des Trogtals:

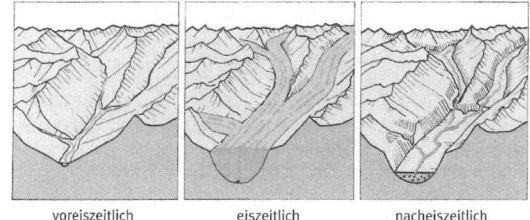

| voreiszeitlich | eiszeitlich | nacheiszeitlich |

Online im Internet:
http://www.nichtschueler.de/cms/fileadmin/user_upload/Lehrmaterialien/Erdkunde/I.
3_trogtal.jpg
Gefunden am 27.03.2012 um 14:40

VI. Verzeichnis der Abbildungen

Abbildung zur Erstreckung des Würmgletschers:
FRANK S. et al: Terra Erdkunde 5. 2008. Stuttgart

Abbildungen zum Kerb- und Trogtal, sowie der Schotterebene:
REDAKTION GEOGRAPHIE (Hrsg.): Folienbuch. Oberflächenformen der Erde.
1986. Stuttgart

VII. Anhang – die Unterrichtsmaterialien

AB (gelöst):

Ek   **Gletscher verändern die Landschaft**   29.03.2012

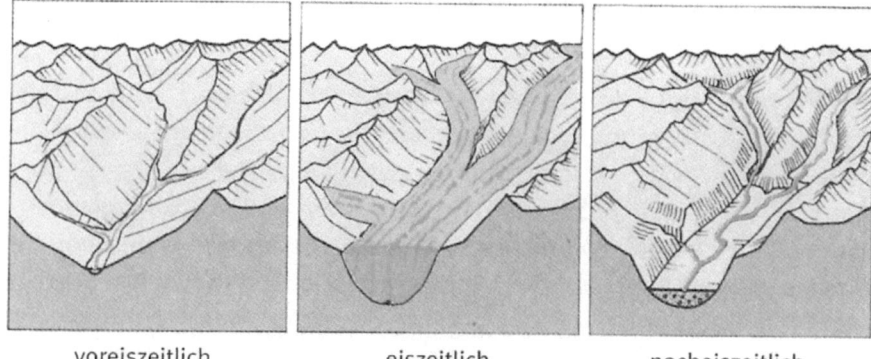

voreiszeitlich   eiszeitlich   nacheiszeitlich

Quelle: URL: http://www.nichtschueler.de/cms/fileadmin/user_upload/Lehrmaterialien/Erdkunde/I.3_trogtal.jpg

1. Ergänze den Lückentext!
Das voreiszeitliche <u>Kerbtal</u> hat sich durch die stark <u>schürfende und erosive</u> Bewegung des Gletschers in ein <u>Trogtal</u> verändert.

2. Benenne nachfolgende Landschaftsformen!
Arbeite alleine! Du hast hierfür 4 Min. Zeit!

a) Schotterebene   b) Endmoränenwall
c) Zungenbeckensee   d) Grundmoräne

Wortkarten für den Sandkasten:

Grundmoräne

Endmoräne

Seitenmoräne

Zungenbecken

Schotterebene

Gesamtsicherung (gelöst):

Löse nun folgendes Kreuzworträtsel zusammen mit Deinem Banknachbarn! Ihr habt 5 Min. Zeit!

Die Felder mit den Buchstaben ergeben am Ende ein Lösungswort!

Senkrecht:
1. Gib den Namen der Talform an, <u>nach</u> Einwirkung des Gletschers?
2. Name des Gletschers auf dem Großglockner.
3. Gewässer, das sich beim Abschmelzen eines Gletschers im Zungenbecken gebildet hat.

Waagerecht:
4. Gesteinswälle am Ende der Gletscherzunge
5. Nenne das Hochgebirge im Süden Deutschlands!
6. Größere Stadt östlich von FFB auf der Schotterebene

1.T								2.P	3.Z			
R								A	U			
O								S	N			
G								T	[d]G			
T								[b]E	E			
5.A	L	P	E	N				R	N			
L								Z	B			
								E	E			
					6.M	U	E	N	[a]C	H	E	N
									K			
									S			
									E			
	4.E	N	D	M	O	R	[c]A	E	N	[e]E		

Lösungswort: ICE AGE

12